W0273966

Armin Täubner

Frühlingsgefühle

Einteilige Fensterbilder aus Tonkarton und Regenbogentonkarton

frechverlag

Von dem bekannten Autor Armin Täubner sind im frechverlag zahlreiche andere Titel erschienen. Hier eine Auswahl:

TOPP 2031

TOPP 2030

TOPP 2297

TOPP 2094

TOPP 2129

TOPP 2257

Fotos: frechverlag GmbH + Co. Druck KG, 70499 Stuttgart; Fotostudio Täubner

Materialangaben und Arbeitshinweise in diesem Buch wurden von dem Autor und den Mitarbeitern des Verlags sorgfältig geprüft. Eine Garantie wird jedoch nicht übernommen. Autor und Verlag können für eventuell auftretende Fehler oder Schäden nicht haftbar gemacht werden. Das Werk und die darin gezeigten Modelle sind urheberrechtlich geschützt. Die Vervielfältigung und Verbreitung ist, außer für private, nicht kommerzielle Zwecke, untersagt und wird zivil- und strafrechtlich verfolgt. Dies gilt insbesondere für eine Verbreitung des Werkes durch Film, Funk und Fernsehen, Fotokopien oder Videoaufzeichnungen sowie für eine gewerbliche Nutzung der gezeigten Modelle.

Auflage: 5. 4. 3. 2. 1. | Letzte Zahlen
Jahr: 2002 2001 2000 1999 98 | maßgebend

© 1997

frechverlag GmbH + Co. Druck KG, 70499 Stuttgart

ISBN 3-7724-2293-4 · Best.-Nr. 2293

Druck: frechverlag GmbH + Co. Druck KG, 70499 Stuttgart

Wenn sich in der wintergrauen Landschaft das erste Grün zeigt, wenn die ersten Vögel aus dem Süden zurückkehren und zu brüten beginnen, und wenn uns die laue Luft aus dem Haus lockt, dann gibt es keinen Zweifel mehr: Der Frühling hält Einzug. Und gleichzeitig erwachen bei Mensch und Tier die Frühlingsgefühle. Auch wenn die Natur noch nicht so weit ist oder Sie es nicht mehr erwarten können: Frühlingshafte Szenen, in Fensterbildern eingefangen, zaubern auch bei Ihnen den Frühling an die Fenster. Die einteiligen Motive wie Hasen, Frühlingsblumen und allerlei Federvieh sind überwiegend einfach und werden meist mit dem Cutter aus Tonkarton oder Regenbogentonkarton beziehungsweise aus Fotokarton ausgeschnitten.

Und so wird's gemacht:

1. Pausen Sie das Motiv mit Bleistift auf weißes Transparentpapier (Architektenpapier) ab, oder machen Sie einfach eine Fotokopie von dem Motiv.

2. Das abgepauste Motiv bzw. die Fotokopie wird mit einem Klammerhefter außerhalb des Motivs auf dem Tonkarton fixiert.

3. Geschnitten wird durch das Transparentpapier bzw. die Fotokopie direkt in den Tonkarton, und zwar fast ausschließlich mit dem Cutter (mit nachschiebbarer Abbrechklinge).
Achten Sie auf eine geeignete Unterlage. Der Fachhandel bietet spezielle Schneideunterlagen an, Sie können aber auch beispielsweise ein Küchenbrett verwenden.
Für sehr enge Kurvenschnitte eignet sich ein Grafikermesser am besten, weil es eine spitzere Klinge als der Cutter hat. Mit der Schere können Sie abschließend die äußere Kontur nachschneiden. Die Augen werden meist mit einer Lochzange ausgestanzt.

4. Beim Ausschneiden des Motivs werden zuerst die kleinen Innenflächen herausgeschnitten. Es folgen die großen Innenflächen und die äußere Kontur. Ganz zum Schluß werden mit der Lochzange die Augen ausgestanzt. Enthält das Motiv auch feine Linien wie z.B. Blattadern, Schnurrbarthaare, Trennlinien oder ähnliches, werden diese Linien nach dem Abnehmen des Transparentpapiers bzw. der Fotokopie mit dem Cutter auf ein bis zwei Millimeter verbreitert.

Tip:

Das fertig ausgeschnittene Fensterbild können Sie auch als Schablone für weitere Fensterbilder verwenden.

Weißt du schon das Neueste?

Schneiden Sie zuerst die beiden kleinen Innenflächen hinter den Küken heraus. Es folgt die große Fläche in der Mitte. Schneiden Sie nun die äußere Kontur mit dem Cutter nach. Zum Schluß werden die Augen mit einer Lochzange ausgestanzt.

Der erste Blütenbesucher

Das Osterhasenei

Ich bringe den Frühling mit

Bist du meine Mami?

Schneiden Sie zuerst die Flächen zwischen den Eierschalen, den Küken und den Hühnerbeinen heraus. Nun können die Konturen von Huhn und Küken nachgeschnitten werden.
Die Augen stanzen Sie mit der Lochzange aus.

Ich bin dein großer Bruder

Frühlingsspaziergang

Das Männchen singt ...

… und das Weibchen brütet

Verwenden Sie beim Abpausen des runden Rahmens einen Zirkel. Das kleine Kreuz markiert die Einstichstelle. Das Vogelauge wird mit einer Lochzange ausgestanzt.

Narzissen

Das erste Veilchen

Das Auge des Hasen und die Blütenmitte werden mit dem Cutter oder, noch besser, mit einem Grafikermesser herausgeschnitten. Damit das Auge gleichmäßig rund wird, können Sie einen Stift in die ausgeschnittene Öffnung stecken und ihn mehrmals drehen.

Ob das der Osterhase ist?

FROHE
OSTERN

Ich bin gerade geschlüpft

Wippende Hasen

(Anleitung Seite 20)

Wippende Hasen

(Abbildung Seite 19)

Beginnen Sie mit dem Herausschneiden der kleinen Innenflächen. Wenn Sie anschließend die beiden großen Innenflächen herausgearbeitet haben, können Sie die äußere Kontur des Fensterbildes nachschneiden. Die Hasenaugen und den runden Punkt in der Mitte der Wippe stanzen Sie mit einer Lochzange aus.

Frühlingsidylle

Schneiden Sie zuerst die Konturen der Vögel und des Hasen nach. Nun werden die Innenflächen herausgeschnitten. Beginnen Sie auf einer Seite, und arbeiten Sie sich dann Fläche um Fläche auf die gegenüberliegende Seite vor. Den runden Rahmen können Sie auch mit einer Schere ausschneiden. Stanzen Sie die Augen mit einer Lochzange aus.

Blühende Frühlingsboten

Schneiden Sie zuerst die feinen Linien auf den Blüten nach. Anschließend werden die kleinen Innenflächen zwischen den Blüten und den Blättern herausgeschnitten. Zum Schluß arbeiten Sie die äußere Kontur des Fensterbildes nach.

Und hier kommt der Osterhase

Die Kunst des Ostereier-versteckens

Hallo, hier bin ich!

(Anleitung Seite 26)

Hallo, hier bin ich!

(Abbildung Seite 25)

Damit der Rahmen beim Abpausen gleichmäßig rund wird, nehmen Sie am besten einen Zirkel. Ein kleines Kreuz markiert die Einstichstelle.
Beim Ausschneiden beginnen Sie mit den vier Trennlinien an den Tulpenblüten. Bevor Sie den Umriß des Fensterbildes nachschneiden, werden sämtliche Innenflächen herausgeschnitten. Das Auge stanzen Sie mit einer Lochzange aus.

Hast du das gesehen?

Die Augen müssen ausgeschnitten werden, weil ihr Durchmesser für die Lochzange zu groß ist. Sie lassen sich am besten mit einem Grafikermesser herausschneiden. Sie können aber auch einen Cutter verwenden und nach dem Ausschneiden die Unregelmäßigkeiten ausgleichen, indem Sie einen Stift in die Öffnung stecken und ihn mehrmals drehen.

Wo fliegst du hin?

Was ich dir noch sagen wollte...

Auf dem Gänserücken unterwegs

Und wo bleibt der Hahn?

Häschen unter Blüten